Anandan B
Hemanth Raj O

Investigação De Compósitos Reforçados Com Éter De Galinha E Cabelo Humano

Anandan B
Hemanth Raj O

Investigação De Compósitos Reforçados Com Éter De Galinha E Cabelo Humano

ScienciaScripts

Cover image: www.ingimage.com

This book is a translation from the original published under ISBN 978-620-7-64898-6.

Publisher:
Sciencia Scripts
is a trademark of
Dodo Books Indian Ocean Ltd. and OmniScriptum S.R.L publishing group

120 High Road, East Finchley, London, N2 9ED, United Kingdom
Str. Armeneasca 28/1, office 1, Chisinau MD-2012, Republic of Moldova, Europe
Printed at: see last page
ISBN: 978-620-7-67429-9

ÍNDICE DE CONTEÚDOS

RESUMO

O principal objetivo deste projeto é reciclar os resíduos de cabelo humano produzidos nos salões de cabeleireiro e os resíduos de penas de galinha produzidos durante a transformação de galinhas para fins alimentares num composto útil. De acordo com um inquérito, a Índia produz anualmente milhões de toneladas de penas de galinha e de resíduos de cabelo humano. Quando utilizados de forma adequada, os resíduos de aves de capoeira e de cabelo humano podem ter um impacto positivo no ambiente e na atividade avícola devido ao seu baixo custo, fácil disponibilidade, qualidades superiores e, mais importante ainda, ao facto de não causarem quaisquer riscos ecológicos ou para a saúde. A fibra de penas de galinha (CFF) e a fibra de cabelo humano (HHF) são resíduos de animais que são atualmente utilizados em várias aplicações, tais como têxteis, artesanato, decorações e até mesmo bio-compósitos. As revisões das muitas fontes de literatura foram compiladas aqui para aumentar a consciencialização dos investigadores sobre a utilização de CFF e HFF como materiais de reforço na criação de diversos compósitos. Propriedades como as físicas, químicas, térmicas, mecânicas, etc., que foram caracterizadas por diferentes investigadores, foram reunidas para o avanço da tecnologia de desenvolvimento de materiais. No passado, a maioria dos investigadores deu ênfase aos diferentes tipos de fibras vegetais naturais. Assim, as revisões são organizadas para a mudança e o desenvolvimento sustentável. O cabelo é composto por 95% de queratina, uma proteína fibrosa e helicoidal (em forma de hélice), que faz parte da composição da pele e de todas as fâneras (cabelo, unhas, etc.). As penas de galinha são constituídas por espinhos e fibras. Ambas são constituídas por queratina hidrofóbica, uma proteína de elevada resistência, baixa densidade e elevada biodegradabilidade. Estamos a apresentar uma ideia para fabricar compósitos de matriz polimérica a partir destes resíduos de penas de galinha. Tem também um elevado coeficiente de absorção de ruído. Todos estes factores levam a que se faça mais investigação nesta área, uma vez que irá reduzir os resíduos da pecuária e utilizá-los para o fabrico de compósitos, o que conduz a um crescimento sustentável e a um ambiente saudável.

CAPÍTULO 1

INTRODUÇÃO

1.1. Introdução aos materiais compósitos :

A combinação de dois ou mais materiais resulta num material compósito que reduz as fraquezas e as fases quimicamente diferentes dos materiais individuais, criando um material superior com características únicas. Ao nível macroscópico, um material compósito é estatisticamente homogéneo, mas ao nível microscópico é heterogéneo. As características dos materiais compósitos são muito diferentes.

Os materiais compósitos podem ser materiais naturais ou artificiais. Estão a ser realizados numerosos estudos para encontrar novos materiais que possam satisfazer as exigências de uma variedade de aplicações, incluindo estruturais, eléctricas, marítimas, industriais, aeroespaciais e domésticas. Nenhum material pode ter todas as qualidades necessárias. Como resultado, são criados novos materiais com qualidades mais desejáveis. Uma vez que são significativamente mais leves, mas tão robustos como os metais, os compósitos são utilizados no seu lugar.

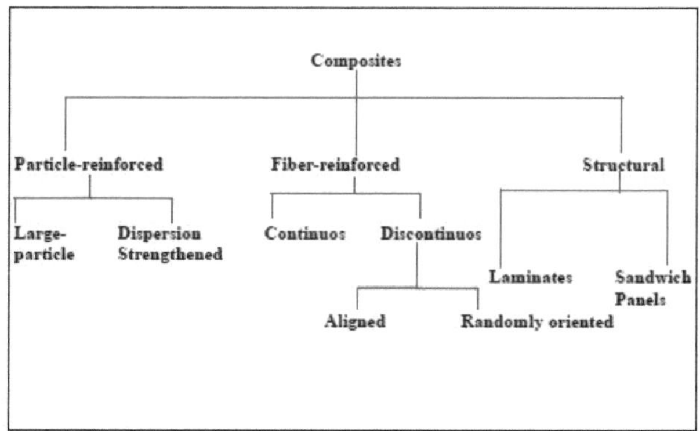

Fig: 1.1 - Classificação dos compósitos

1.2. Tipos de materiais compósitos :

Existem três tipos de materiais compósitos. São eles:

a) **Compósitos de matriz polimérica (PMCs)**

b) **Compósitos de matriz metálica (MMCs)**

c) **Compósitos de matriz cerâmica (CMCs)**

1.2.1. Compósitos de matriz polimérica (PMCs) :

Uma matriz polimérica mantém uma variedade de fibras curtas ou contínuas juntas para formar compósitos de matriz polimérica. Os PMC têm a vantagem de serem muito rígidos e fortes na direção dos três reforços, apesar do seu peso reduzido. A sua utilidade em automóveis, camiões e outras construções móveis resulta desta combinação. Uma melhor resistência à corrosão e à fadiga do que os metais são outras duas qualidades vantajosas. No entanto, os PMCs actuais só podem ser utilizados a temperaturas de serviço inferiores a cerca de 600° F (316° C) devido à quebra da matriz a altas temperaturas. Os PMCs são normalmente encontrados em fibras, tecidos, whiskers e partículas.

1.2.2. Compósitos de matriz metálica (MMCs):

Os compósitos de matriz metálica utilizam fibras de carboneto de silício incorporadas em matrizes de ligas de alumínio e magnésio; no entanto, estão a ser utilizados com maior frequência materiais de matriz alternativos, incluindo titânio, cobre e ferros. Os MMCs são normalmente utilizados em tacos de golfe, bicicletas e sistemas de orientação de mísseis. Um material compósito com pelo menos duas partes constituintes é designado por compósito de matriz metálica (MMC). Uma das partes constituintes deve ser um metal, enquanto o outro elemento pode ser outro metal ou outro material, como cerâmica ou biológico. Um compósito que tenha três ou mais materiais é designado por compósito híbrido.

1.2.3. Compósitos de matriz cerâmica (CMCs):

Estes compósitos são especialmente adequados para utilização em componentes leves e de alta temperatura, incluindo os destinados a aviões com motores a jato, devido à sua matriz cerâmica. As fibras cerâmicas inseridas numa matriz cerâmica são utilizadas para criar compósitos de matriz cerâmica (CMC).

As fibras e a matriz são feitas de uma variedade de materiais cerâmicos contendo óxido e não óxido. Além disso, é oferecida uma vasta gama de arquitecturas de fibras. Por conseguinte, certas actividades de construção podem ser adaptadas às características do CMC. São particularmente úteis para peças que necessitam de cumprir especificações mecânicas e térmicas rigorosas.

1.3 Introdução ao compósito híbrido material:

A hibridação é o processo de incorporação de duas ou mais fibras numa única matriz; o material resultante é referido como um material compósito híbrido.

O tipo de reforço mais utilizado é a fibra de vidro; as fibras de carbono e de boro são bastante dispendiosas e são utilizadas exclusivamente em aplicações aeroespaciais. Existem várias variedades de estruturas híbridas, incluindo sanduíche, lona de fibra individual, lona de fibra mista e reforçadas com varetas ou teias.

A utilização de materiais compósitos híbridos reduz os custos, ao mesmo tempo que aumenta a força, a resistência à corrosão e o módulo específico elevado. Os materiais compósitos híbridos apresentam frequentemente uma excelente estabilidade térmica. É amplamente reconhecido que os elementos que incluem o tipo de comprimento da matriz, a composição proporcional dos reforços e as interfaces das fibras afectam as características dos compósitos híbridos. A combinação das qualidades desejadas das fibras é possível através da utilização de duas ou mais fibras. Por exemplo, as qualidades superiores de tração da aramida e as propriedades de compressão das fibras de carbono resultam da combinação dos dois tipos de fibras. Além disso, as fibras de aramida são menos dispendiosas do que as fibras de carbono.

1.4. Pena de galinha:

As penas das galinhas são consideradas um produto residual na indústria avícola. As instalações de transformação de aves de capoeira produzem e eliminam anualmente um grande volume de penas deitadas fora, o que causa graves problemas de resíduos sólidos.

Fig 1.2. Pena de galinha

Uma das estruturas de queratina mais complexas encontradas nos vertebrados são as estruturas ramificadas, hierárquicas e altamente organizadas conhecidas como penas.

1.4.1. Penas de galinha como material de reforço :

Existem agora tecnologias patenteadas e introduzidas para o processamento de CFF e fracções de partículas (penas). Este estudo examinou as propriedades de reforço de restos de penas de galinha, tais como ráquis e farpas, em compósitos de cimento. Resistência equivalente e estabilidade dimensional foram demonstradas por placas com 5% a 10% de fibra e/ou penas moídas em peso, em comparação com compósitos comerciais de fibra de madeira-cimento com espessura e densidade equivalentes. Após imersão em água por 24 horas, os resultados mostraram que as maiores proporções de pluma, no entanto, apresentaram uma redução considerável no Módulo de Elasticidade (MOE) e no Módulo de Rutura (MOR), bem como maior absorção de água e inchamento da espessura. Assim, pode dizer-se que, até uma percentagem de penas de cerca de 10%, as sobras de penas de galinha podem ser utilizadas como reforço em compósitos cimentados. Em 2011, Uzun et al. descobriram que, embora as propriedades de tração e flexão dos compósitos reforçados com CFF apresentassem valores mais baixos em comparação com os compósitos de controlo, as propriedades de impacto dos compósitos reforçados com CFF são muito melhores do que as dos compósitos de controlo. Com base nos resultados finais, foi determinado que o reforço CFF aumenta a resistência ao impacto do compósito.

1.4.2. Penas de galinha como matriz:

No processo de fabrico de materiais compósitos, a utilização de penas de galinha como componente da matriz resulta numa elevada resistência específica e numa utilização significativa de resíduos. Combinando penas de galinha com outros materiais de reforço, as aplicações de conceção de compósitos de elevada resistência podem atingir uma produção de baixo custo. Barone et al. investigaram o polietileno reforçado com fibras de queratina derivadas de penas de galinha, à semelhança do que fizeram em 2005. Neste caso, foi utilizada uma cabeça misturadora para combinar fibras de igual diâmetro mas com diferentes rácios de aspeto com polietileno de baixa densidade (LDPE). Os resultados dos ensaios mecânicos são comparados com previsões teóricas derivadas de um modelo micromecânico básico de materiais compósitos.

1.4.3. Características do compósito de penas de galinha :

Desta forma, a lenhina dissolvida em estireno pode ser incorporada na matriz termoendurecível e realizar os seguintes melhoramentos:

(a) Actua como um agente de endurecimento.

(b) Melhorar a conetividade da rede.

(c) Adição de grupos de reforço adicionais à matriz.

(d) Actua como um agente de colagem entre as fibras naturais e a matriz de resina.

(e) Funciona como um co-monómero para a resina.

(f) Indução de plasticidade na zona de deformação nas pontas das fissuras para melhorar a tenacidade.

(g) Actuando como uma armadilha de radicais livres para reduzir os efeitos de cisão radicalar durante a fratura em polímeros altamente reticulados.

(h) Melhorar a resistência às chamas.

(i) Modificação da biodegradabilidade.

(j) Proporciona uma maior resistência fotográfica e estabilidade térmica.

(k) Aumento da vida útil à fadiga.

(l) Contribuir para a engenharia ecológica dos materiais.

As penas de galinha são um produto residual da transformação de galinhas para fins alimentares. A fibra de penas de galinha (CFF) oferece um mercado de fibras grande e barato como aditivo para painéis de fibras de densidade média (MDF). As penas de galinha são constituídas por aproximadamente metade de fibra e metade de pena (em peso). Tanto a fibra como o espinho são constituídos por queratina hidrofóbica, uma proteína com uma resistência semelhante à do nylon e com um diâmetro inferior ao da fibra de madeira. Os espinhos têm aplicações comerciais em champôs, condicionadores de cabelo, corantes capilares e suplementos dietéticos. A fibra é mais durável do que o espinho e tem um rácio de aspeto mais elevado. Encontrar uma utilização de alto volume e alto valor para a CFF, que é mais frequentemente aterrada ou utilizada para proteínas alimentares, beneficiaria grandemente a indústria avícola e representaria outra fonte de fibra para a indústria da madeira.

1.5. Humano Cabelo:

A queratina, uma proteína fibrosa e helicoidal em forma de hélice, constitui 95% dos cabelos e é um componente da pele e de todas as outras fâneras (cabelos, unhas, etc.). O facto de a queratina, produzida pelos queratinócitos, ser insolúvel na água, garante a impermeabilidade e a proteção dos cabelos.

18 aminoácidos, incluindo prolina, treonina, leucina e arginina, encontram-se no cabelo. A queratina é especialmente rica em cisteína, um tipo de aminoácido de enxofre, que forma pontes dissulfureto entre as moléculas para dar ao cabelo a sua rigidez e força.

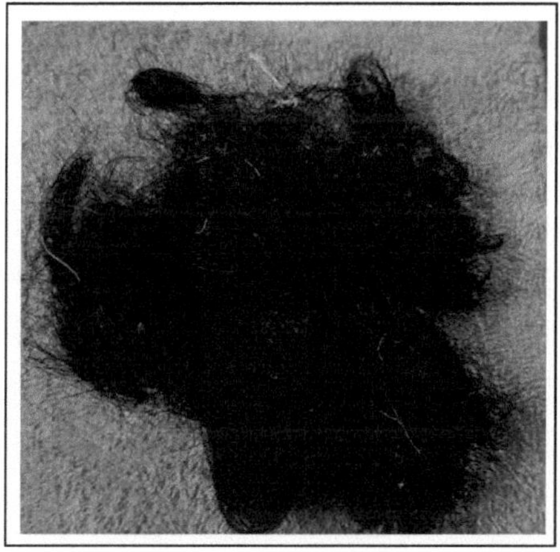

Fig. 1.3. Cabelo humano

1.6. Resina Epoxy :

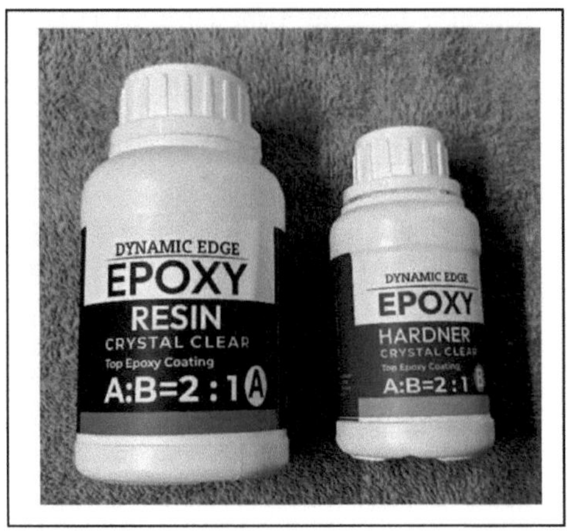

Fig 1.4. Resina epóxi Parte A & Parte B (Proporção - 2:1)

A resina epóxi é um material polimérico sintético de duas partes que, quando misturado, sofre uma reação química que resulta numa substância durável, de alta resistência e adesiva. A família de partes fundamentais ou produtos finais solidificados das resinas epóxi é conhecida como epóxi. Os poliepóxidos, ou resinas epóxidas, são um tipo de pré-polímeros e polímeros reactivos que contêm grupos epóxidos. Epóxido é outro termo para o grupo funcional coletivo epóxido[1]. Um oxirano é a designação IUPAC para um grupo epóxido. Através da homopolimerização catalítica, as resinas epóxidas podem reagir (reticulação) com uma variedade de co-reactores, tais como aminas polifuncionais, ácidos (incluindo anidridos ácidos), fenóis, álcoois e tióis (também conhecidos como mercaptanos). A reação de reticulação é conhecida como cura, e estes co-reactores são frequentemente referidos como endurecedores ou curativos. Existe em vários graus, com diferentes graus de fragilidade, e pode ser utilizada tanto a nível doméstico como comercial. É frequentemente combinada numa proporção de 2:1 ou 4:1 de resina para endurecedor e consiste em duas partes. A forte adesão, a resistência química e a dureza são algumas das vantagens das resinas epóxi. A resina epóxi é utilizada em muitas indústrias, como a construção e o fabrico. Outras aplicações incluem a construção de placas de circuitos eléctricos e componentes tecnológicos como a fibra ótica.

1.6.1 Medidas de segurança para a resina epóxi :

Há uma série de medidas de segurança a ter em conta quando se trabalha com resina epóxi. Antes de mais, calce luvas para proteger as mãos da resina e dos endurecedores líquidos. Uma vez que é pouco provável que as luvas de nitrilo reajam quando em contacto com a resina ou com a pele, são aconselhadas. Se a resina entrar em contacto com a sua pele, pode limpá-la com toalhetes de bebé. Pode utilizar água e sabão para remover quaisquer restos de resina. O uso de um avental de plástico facilita a limpeza de eventuais fugas de resina. Para proteger os olhos, deve também usar óculos de proteção. Se entrarem resíduos nos olhos, não os massaje; em vez disso, lave-os com água várias vezes ao longo de quinze minutos. É aconselhável procurar assistência médica o mais rapidamente possível. Finalmente, se trabalhar com resina epóxi, é essencial certificar-se de que existe uma ventilação adequada. Para o efeito, pode abrir as janelas, ligar a ventoinha do seu espaço de trabalho, ou utilizando armários de fumos ou ventilação de exaustão local. Se não for possível efetuar uma ventilação adequada, pode utilizar um respirador como alternativa.

1.7. Aplicações:

1.7.1. Aplicações de compósitos à base de epóxi :

Uma vasta gama de peças de carroçaria exteriores e interiores, como suportes de radiadores, vigas de para-choques, para-lamas, capôs, painéis de tejadilho, tampas de convés e muitos outros, são fabricados a partir de compósitos à base de epóxi. O desempenho estrutural excecional dos compósitos de polímeros epóxi reforçados com fibras sintéticas, incluindo a sua vida útil prolongada à fadiga, elevada rigidez, elevada resistência e baixa densidade, está a torná-los uma escolha mais popular para a construção de aviões.

1.7.2. Aplicações de compósitos híbridos à base de epóxi :

As utilizações mais potenciais para os compósitos de polímeros híbridos epoxídicos são a construção de peças para ventiladores industriais, construções no deserto, barcos de pesca e outros equipamentos para desportos aquáticos, habitações de baixo custo, tectos falsos, painéis divisórios e tubos de transporte de pó de carvão.

Atualmente, uma vasta gama de aplicações, incluindo componentes automóveis, militares e eléctricos e electrónicos, utiliza compósitos e nanocompósitos de polímeros híbridos à base de epóxi. O estudo também demonstra as utilizações intrigantes dos compósitos híbridos epoxídicos em obturações dentárias, membros protésicos e administração de medicamentos. Os compósitos híbridos de fibras naturais/naturais apresentam uma grande variedade de oportunidades para utilização em estruturas civis de baixo custo, mobiliário doméstico, acessórios de casa de banho e muitas outras aplicações comuns em que o elevado custo dos reforços impede a utilização de plásticos reforçados leves tradicionais.

1.8. Vantagens & Desvantagens:

1.8.1 Vantagens dos compósitos à base de epóxi :

- Estes compósitos têm propriedades de resistência muito boas.
- Tem uma resistência à compressão de 40-90 Mpa
- Tem também uma resistência à tração de 12-40 Mpa.
- Tem também uma resistência à flexão de 20-60 Mpa.

- A contração destes compósitos durante a cura é também mínima.
- Elevada resistência química à maioria das soluções de sais inorgânicos e soluções de sais inorgânicos.
- Elevada dureza, resistência à abrasão e a riscos e impactos.

1.8.2. Desvantagens dos compósitos à base de epóxi :

- Estes compósitos não têm resistência à radiação UV.
- Estes compósitos têm pouca elasticidade.
- Estes compósitos têm uma baixa resistência química a substâncias oxidantes, álcoois, hidrocarbonetos e cetonas.
- Estes são sensíveis à humidade durante a aplicação.
- Também não tem resistência a temperaturas elevadas.
- Estes são combustíveis.
- O custo de fabrico destes compósitos também é elevado.
- Apresenta igualmente uma baixa rigidez.

CAPÍTULO 2

REVISÃO DA LITERATURA

Não existem muitos trabalhos publicados sobre a caraterização mecânica dos compósitos de penas de galinha. No entanto, os trabalhos publicados recentemente por alguns investigadores são referidos a seguir:

Tesfayu Worku (2022), desenvolveu uma análise do compósito reforçado com penas de galinha e cabelo humano separadamente. Utilizou material de polister insaturado como material de matriz para fabricar este compósito.

D.P. Sreenivasan et al (2019), Características de cura e propriedades mecânicas de bio-compósitos de borracha natural reforçados com fibra de pena de galinha: Efeito da carga de fibra, tratamento alcalino, sistemas de ligação e vulcanização.

Adil Khan (2022), analisou um compósito de penas de galinha e as suas aplicações. Este trabalho também apresenta o CFF como material de reforço em compósitos e métodos para preparar os compósitos CFF. Indica também que a CFF oferece margem suficiente para explorar oportunidades de investigação futura da CFF como biomaterial em compósitos.

Gagan Bansal et al. (2016), aplicação e propriedades da fibra de penas de galinha (CFF), um resíduo de gado no desenvolvimento de materiais compósitos. As penas de galinha contêm 91% de proteína (queratina), 1% de lípidos e 8% de água (Fraser e Parry, 1996). Proporciona uma produção de baixo custo em aplicações de design de materiais compósitos de elevada resistência, misturando-a com outros materiais de reforço. Os ensaios de tração da queratina de 8 espécies de aves pertencentes a diferentes ordens mostraram módulos semelhantes (média E=2,50 GPa) exceto a garça cinzenta (E=1,78 GPa). Concluiu-se que, nas espécies estudadas, a rigidez à flexão de todo o ráquis é controlada principalmente pela morfologia da secção transversal e não pelas propriedades materiais da queratina (Jang e Lin, 1989).

T. Subramanian et al. (2014), o objetivo do estudo é utilizar a pena de galinha e determinar as propriedades mecânicas da pena de galinha reforçada com poliéster e éster fenílico. Os resíduos de aves de capoeira podem ser utilizados em qualquer aplicação de engenharia, e serão preferidos devido ao seu baixo custo e características superiores e, mais importante, não causarão problemas ecológicos e de saúde. Aqui é utilizada como pena de penugem. É mais pequena do que as penas de contorno e não tem bárbulas nem os folhetos que as acompanham. São macias e fofas. Os compósitos foram fabricados com diferentes cargas de fibra (10%, 20% e 30%), a percentagem restante como uma matriz com tecido e uma técnica de colocação manual. o compósito reforçado melhor do que ao nível de 5% e as propriedades de tração e flexão do compósito são controladas com as resinas de poliéster com propriedades significativamente superiores ao compósito reforçado com 25% de CFF.

K B Jagadeesh Gouda et al (2014) explicaram o método de lavagem da CFF para remover a sujidade e o teor de humidade da pena. As fibras são limpas em água corrente e secas. Foi preparada uma solução num copo de vidro adicionando NaOH a 6% a água destilada. As fibras tratadas mecanicamente e secas foram mergulhadas numa solução durante três horas e depois lavadas em água corrente. Foram secas durante 10 horas à luz natural. A vantagem do tratamento químico (com NaOH) é remover o teor de humidade das fibras, aumentando assim a sua resistência.

M. Uzun et al.(2011), estudaram o comportamento mecânico de compósitos poliméricos reforçados com fibras de penas e penugem de galinha e verificaram que as propriedades de impacto dos compósitos reforçados com CFF são significativamente melhores do que as dos compósitos de controlo, no entanto, tanto as propriedades de tração como as de flexão dos compósitos reforçados com CFF têm valores mais baixos em comparação com os compósitos de controlo. Para o compósito de viniléster reforçado com CFF a 10%, o valor do impacto Charpy foi de 4,42 kgj/mm2, 25% superior ao do compósito de viniléster de controlo (3,31 kgj/mm2), e também para o compósito de poliéster reforçado com CFF a 10% (4,56 kgj/mm2), a resistência ao impacto foi três vezes superior à do compósito de controlo (1,85 kgj/mm2). Assim, concluiu-se que o reforço CFF melhora a resistência ao impacto do compósito.

Sudeep Deshpande et al. investigaram as características de desgaste por deslizamento dos compósitos epoxídicos. Relataram que a adição de pó de osso em compósitos de epóxi reforçados com fibras híbridas diminui a taxa de desgaste do compósito. Também estudaram o rácio S/N.

Sandhyarani Biswas et al, determinaram as propriedades físicas e mecânicas de compósitos de epóxi reforçados com fibra de bambu. Os compósitos foram fabricados utilizando fibra de bambu curta em diferentes percentagens de peso e observaram que poucas propriedades aumentam significativamente em relação à carga de fibra, propriedades como a fração de vazio aumentam com o aumento da carga de fibra. Para reduzir a fração de vazio, melhorar a dureza e outras propriedades mecânicas, adicionou-se uma carga de carboneto de silício aos compósitos de epóxi reforçados com fibra de bambu, o que aumenta a dureza, a resistência à tração e a resistência à flexão.

Hu et al, estudaram biomateriais compósitos à base de proteínas que podem ser formados numa vasta gama de biomateriais com propriedades ajustáveis, incluindo o controlo das respostas celulares. Estes estudos forneceram novos biomateriais que constituem uma necessidade importante no domínio das ciências biomédicas, com relevância direta para a regeneração de tecidos, a nanomedicina e o tratamento de doenças. O cabelo humano é considerado um resíduo na maior parte do mundo e encontra-se em fluxos de resíduos urbanos que causam numerosos problemas ecológicos

Gupta, estudou os "resíduos" de cabelo humano e a sua utilização. Através deste estudo, concluiu-se que o cabelo humano tem um grande número de utilizações em áreas que vão desde a agricultura à medicina e às indústrias de engenharia.

Hernandez et al, estudaram a queratina, uma fibra que se encontra no cabelo e nas penas. A fibra de queratina tem uma estrutura hierárquica com uma conformação altamente ordenada, é por si só um bio-composto, produto de uma grande evolução de espécies animais. Concluiu-se que as fibras de queratina das penas de galinha são um material amigo do ambiente que pode ser aplicado no desenvolvimento de compósitos ecológicos.

Babu et al, estudaram os polímeros de base biológica e concluíram que estes têm merecido uma atenção crescente devido às preocupações ambientais e à constatação de que os recursos petrolíferos mundiais são finitos.

Jagadeesh et al. (2014), efectuaram a caraterização do comportamento do CFF como material de reforço para compósitos. Aqui a revisão sobre o comportamento do CFF foi feita para atualizar e compreender a sua usabilidade como um material de reforço para o fabrico de compósitos.

CAPÍTULO 3
MATERIAIS

3.1 Necessário Materiais:

Os materiais necessários para o fabrico deste compósito são os seguintes

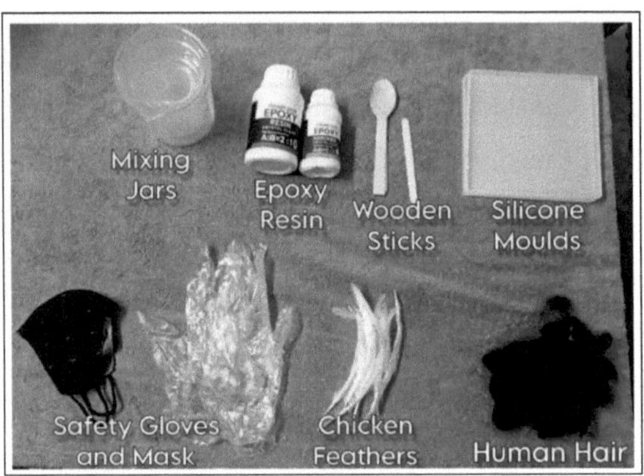

Fig 3.1 Materiais necessários para fazer um compósito

3.1.1. Galinha Feathers:

As penas de galinha são claramente um resíduo pecuário gerado pelas explorações avícolas de todo o mundo. Transformar este resíduo num material útil não só o torna útil como também reduz a produção de resíduos. As penas de galinha, um subproduto da indústria avícola, colocam desafios significativos em termos de eliminação devido à sua abundância e baixa taxa de decomposição. No entanto, nos últimos anos tem-se assistido a um aumento do interesse pela utilização de penas de galinha como recurso sustentável para materiais compósitos. Esta revisão da literatura tem como objetivo fornecer uma visão geral dos actuais desenvolvimentos no domínio dos compósitos de penas de galinha, explorando as suas propriedades, técnicas de fabrico, aplicações e perspectivas futuras.

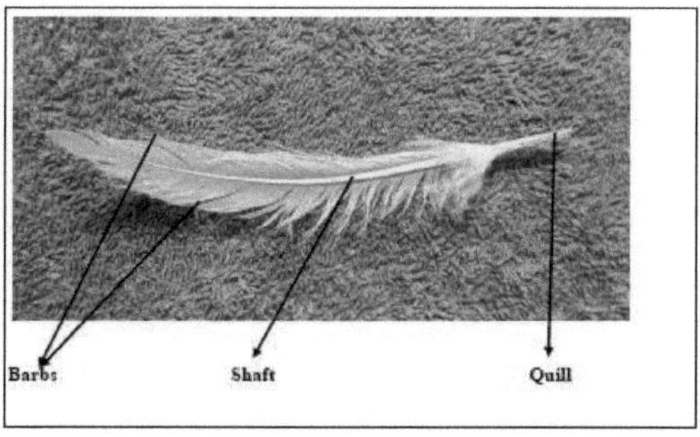

Fig 3.2 Pena de galinha

3.1.2. Humano Cabelo:

A utilização de cabelo humano em materiais compósitos é uma abordagem relativamente nova e inovadora que tem vindo a ganhar atenção nos últimos anos. O cabelo humano, que é composto principalmente por queratina, pode ser utilizado como material de reforço em materiais compósitos devido à sua elevada resistência à tração, natureza leve e abundância como produto residual em várias indústrias, como salões de cabeleireiro e barbearias. Uma das principais aplicações do cabelo humano em materiais compósitos é na indústria da construção. Os compósitos reforçados com cabelo podem ser utilizados no fabrico de materiais de construção leves e resistentes, tais como painéis, placas e ladrilhos. Estes materiais têm o potencial de oferecer uma resistência comparável à dos compósitos tradicionais, sendo simultaneamente mais ecológicos e económicos. Apesar de o cabelo humano não ser claramente um resíduo da pecuária, pode ser utilizado em materiais compósitos para aumentar a sua resistência e flexibilidade. Para além da construção, os compósitos de cabelo humano têm sido explorados para outras aplicações, incluindo peças para automóveis, componentes aeroespaciais e até moda e bens de consumo. No entanto, ainda há desafios a ultrapassar em termos de técnicas de processamento, compatibilidade de materiais e escalabilidade antes de os compósitos de cabelo humano poderem ser amplamente adoptados em várias indústrias.

Fig 3.3 Cabelo humano

De um modo geral, a utilização de cabelo humano em compósitos representa uma oportunidade empolgante para criar materiais sustentáveis e inovadores que têm o potencial de revolucionar várias indústrias, ao mesmo tempo que abordam a questão da eliminação de resíduos de cabelo.

3.1.3. Resina Epoxy :

A resina epoxídica é um dos materiais de matriz mais utilizados no fabrico de compósitos. Os compósitos são materiais fabricados através da combinação de dois ou mais materiais diferentes para criar um novo material com propriedades melhoradas. Nos compósitos, a resina epóxi actua como a matriz ou aglutinante que mantém juntas as fibras de reforço, como a fibra de vidro, a fibra de carbono ou o Kevlar.

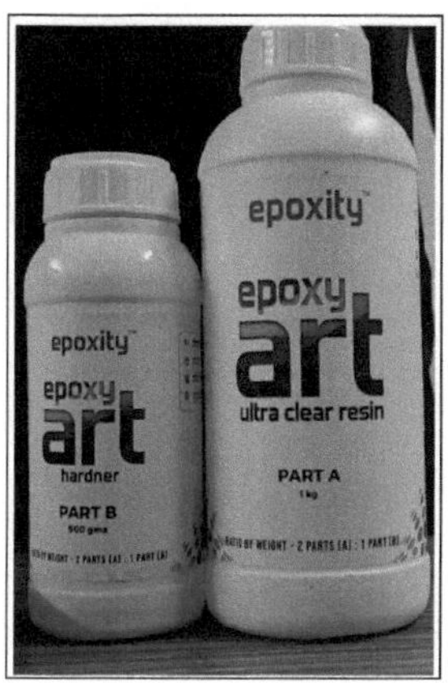

Fig 3.4. Resina epóxi Parte A & Parte B com rácio 2:1

De um modo geral, os compósitos de resina epóxi são amplamente utilizados em indústrias como a aeroespacial, automóvel, marítima, energia eólica e equipamento desportivo, onde são essenciais materiais leves e de elevado desempenho.

3.1.4. Frascos de mistura:

Os frascos de mistura são utilizados para misturar a resina epóxi líquida com o endurecedor epóxi em proporções adequadas. Estes frascos são utilizados para medir os líquidos que são vertidos no interior dos frascos para uma precisão e composições de mistura definidas. Estes boiões são transparentes e em polipropileno, podendo suportar líquidos quentes.

Fig 3.5. Frascos de mistura

Estes frascos são transparentes para que possamos ver através deles onde está o líquido no frasco de medição. Estes frascos podem ser lavados e reutilizados.

3.1.5. Moldes de silicone:

A utilização de moldes de silicone está a aumentar rapidamente nos últimos anos no fabrico de materiais compósitos. Os moldes de silicone são flexíveis, permitindo a fácil remoção da peça composta acabada sem a danificar. Isto é particularmente importante para formas complexas ou peças com cortes inferiores onde os moldes rígidos tornariam a desmoldagem difícil ou impossível.

Os moldes de silicone são duráveis e podem suportar múltiplas utilizações sem perder a sua forma ou integridade. Isto torna-os rentáveis ao longo do tempo em comparação com os moldes descartáveis feitos de outros materiais.

O silicone é resistente a uma vasta gama de produtos químicos, incluindo os utilizados em materiais compósitos, como resinas e catalisadores. Isto assegura que o molde permanece estável e não se degrada ao longo do tempo quando exposto a estes produtos químicos.

Os moldes de silicone podem suportar as temperaturas de cura de muitos materiais compósitos sem se deformarem ou derreterem. Isto permite a produção de peças compostas de alta temperatura sem a necessidade de moldes especializados. Os moldes de silicone podem reproduzir com precisão detalhes finos e texturas de superfície, resultando em peças compostas de alta qualidade com desenhos ou características complexas.

Fig 3.6. Molde quadrado de silicone

O silicone tem uma superfície antiaderente, facilitando a libertação da peça composta curada do molde sem necessidade de agentes de libertação de moldes ou tratamentos de superfície adicionais.

Os moldes de silicone podem ser facilmente personalizados para se adaptarem a geometrias de peças específicas ou a requisitos de produção. Podem ser moldados a partir de padrões mestre ou modelos impressos em 3D, permitindo uma rápida prototipagem e iteração no processo de design.

Em geral, os moldes de silicone oferecem uma combinação de flexibilidade, durabilidade e facilidade de utilização que os torna adequados para uma vasta gama de aplicações de fabrico de compósitos.

CAPÍTULO 4
METODOLOGIA

4.1 Composição:

A relação de composição para fazer este compósito de reforço de cabelo humano e penas de galinha é a seguinte

Código de amostra	Cabelo humano (%)	Pena de galinha (%)	Resina epóxi com endurecedor (%)	Total (%)
A	10	10	80	100
B	20	20	60	100
C	30	20	50	100

Tabela 4.1. Composição dos materiais

4.2. Importância da composição:

A composição é crucial no fabrico de compósitos porque influencia diretamente as propriedades e o desempenho do material final. Eis algumas das principais razões pelas quais a composição é importante:

• **Propriedades personalizadas**: Ao controlar a composição do material compósito, os engenheiros podem adaptar as suas propriedades para satisfazer requisitos específicos. Por exemplo, a adição de fibras ou partículas pode aumentar a força, a rigidez e a resistência ao impacto, enquanto os aditivos podem melhorar a condutividade térmica ou eléctrica.

• **Redução de peso**: Os compósitos são frequentemente utilizados em aplicações em que a redução de peso é fundamental, como nas indústrias aeroespacial e automóvel. Ao selecionar materiais leves e otimizar a sua composição, os compósitos podem oferecer poupanças de peso significativas em comparação com materiais tradicionais como os metais.

•**Eficiência de custos**: A composição dos compósitos pode ser optimizada para equilibrar os requisitos de desempenho com considerações de custo. Ao utilizar materiais de reforço e sistemas de resina económicos, os fabricantes podem produzir peças compostas que oferecem um elevado nível de desempenho a um preço competitivo.

4.3. Metodologia (fluxograma):

O fluxograma abaixo mostra o processo de fabrico de um compósito reforçado com cabelo humano e penas de galinha:

CAPÍTULO 5

TRABALHO EXPERIMENTAL

5.1 Preparação de cascas de penas de galinha:

- Recolher as penas de galinha nas explorações avícolas ou nas lojas de galinhas.
- Estas penas de galinha são lavadas suavemente em água para remover a sujidade das penas.
- Estas penas de galinha molhadas são colocadas à luz do sol durante algumas horas para secarem.

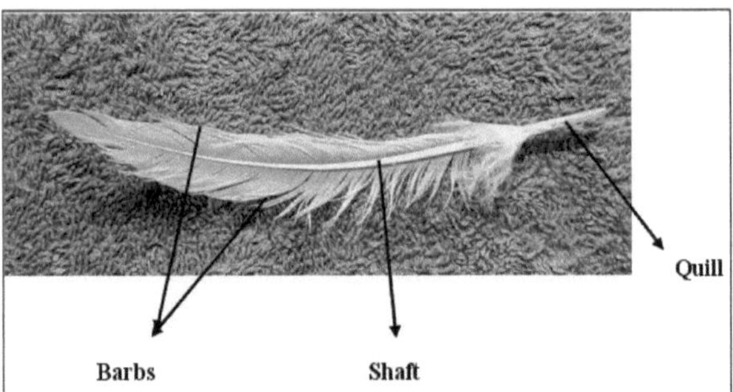

Fig. 5.1. Pena de galinha e suas partes

Fig. 5.2. Penas de galinha

• Os espinhos e as hastes são retirados destas penas de galinha, deixando as farpas que são úteis para fazer um composto.

• Estas farpas de penas de galinha são recolhidas separadamente.

• Estas farpas de penas de galinha são cortadas em pequenas partículas, como mostra a figura abaixo.

Fig. 5.3. Partículas de penas de galinha

5.2. Preparação de cabelo humano para material compósito:

• Recolha agora o cabelo humano em salões de beleza próximos e certifique-se de que o comprimento do cabelo corresponde às medidas do molde de silicone

• Estes cabelos humanos são também lavados suavemente com água, de modo a que o óleo e a sujidade presentes no cabelo sejam removidos.

• Estes cabelos humanos são mantidos à luz do sol para secar.

• Depois de os cabelos secarem, faça fios com estes cabelos de acordo com as medidas do molde de silicone (Área: 15cm ×15cm).

5.3. Mistura de resina epóxi e endurecedor:

• Agora pegue na resina epóxi e no endurecedor na proporção de 2:1.

• Limpar os frascos de mistura antes de deitar os líquidos nos mesmos, de modo a remover qualquer pó presente nos frascos.

• Usar luvas e máscara antes de utilizar estas misturas de resina epóxi e endurecedor.

• Certifique-se de que a sala é ventilada de modo a que a resina epóxi não solidifique demasiado depressa.

• Marque a quantidade de resina epóxi e endurecedor necessária para o molde de silicone na escala dos frascos de mistura antes de os deitar.

• Certifique-se de que a quantidade de resina epóxi e endurecedor está na proporção correcta.

• Verter cuidadosamente a resina epoxídica nos frascos de mistura.

Fig. 5.4. Frascos de mistura

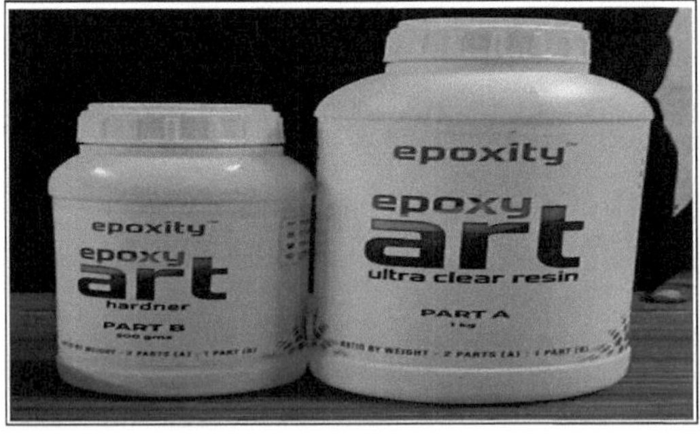

Fig. 5.5. Resina epoxídica e endurecedor com 2 (Parte A): 1 (Parte B)

•Deite agora o endurecedor epóxi em metade da quantidade de resina epóxi nos frascos de mistura.

• Agora pegue num pau de madeira para mexer a mistura.

• Os paus de mistura de madeira são ideais para misturar pequenas quantidades de gesso, resina, tintas, líquidos, etc. Por vezes conhecidos como abaixadores de língua, são económicos e descartáveis.

• Estes paus de madeira são reutilizáveis quando limpos corretamente.

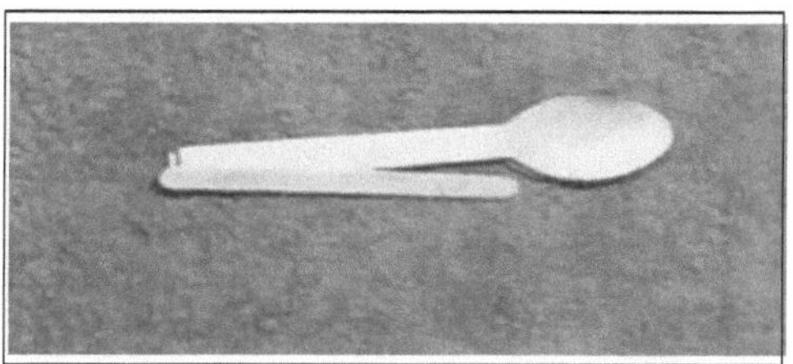

Fig. 5.6. Varas de mistura (de madeira)

• Agora, o molde de silicone é colocado numa mesa de superfície plana.

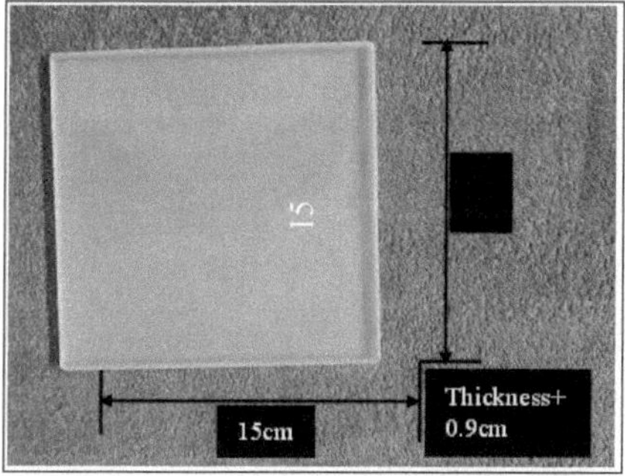

Fig. 5.7. Molde quadrado de silicone

5.4. Verter a mistura de epóxi no molde de silicone:

• O molde de silicone é devidamente limpo antes de verter a resina epóxi, de modo a que qualquer poeira presente no molde seja removida.

• Deita-se uma camada de mistura de epóxi no molde de silicone de modo a cobrir todos os bordos.

• Agora, coloque o cabelo humano enfiado no molde de forma a que as extremidades do cabelo humano toquem nos moldes de lados opostos.

- Polvilhar suavemente a pequena partícula de cabelo humano entre os cabelos humanos dispostos por ordem.
- Deite agora outra camada de epóxi misturado no molde de silicone, cobrindo as penas de galinha e o cabelo humano.
- Polvilhe mais algumas partículas de penas de galinha na forma de silicone.
- Verter novamente o epóxi misturado no molde de silicone, enchendo os moldes de silicone em todos os lados.

Fig. 5.8. Colocação de resina epóxi no molde de silicone

- Agora, com uma balança de madeira, aplique suavemente pressão na superfície do molde de silicone com epóxi, de modo a que qualquer produto químico extra presente no molde seja removido.

Fig. 5.9. Colocação de partículas de penas de galinha no molde

•Agora, deixe a resina epoxídica num espaço seguro, de modo a que não entre pó.

•Aguardar 24 horas para que o compósito fique curado.

•Retirar o material compósito após 24 horas, quando este solidificar.

•Agora o material compósito está pronto para ser testado.

5.5 Precauções de segurança:

•Usar luvas e máscara de segurança ao misturar a resina epóxi.

•A resina epóxi deve ser mantida à temperatura ambiente antes de ser utilizada.

•Certifique-se de que a proporção de mistura e a quantidade de entrada estão correctas.

•A agitação do líquido no interior da mistura será feita na mesma direção, de modo a que os espaços de ar e as bolhas desapareçam.

•A mistura só deve ser efectuada em 2-3 minutos.

5.6. Materiais compósitos finais:

Fig. 5.10. Amostra A - Resina epoxídica (80%), penas de galinha (10%) e cabelo humano (10%)

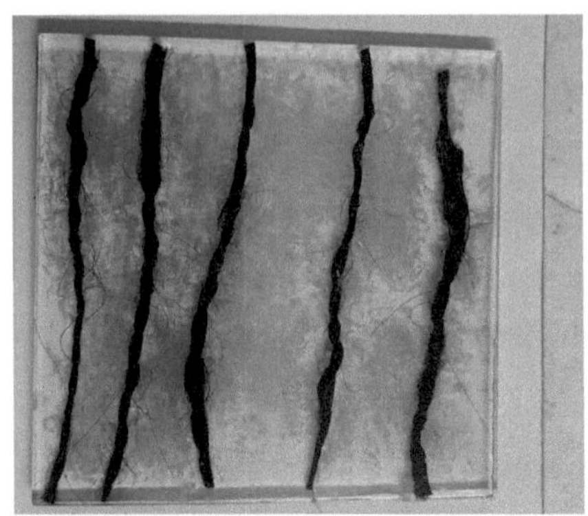

Fig. 5.11. Amostra B - Resina epóxi (60%), penas de galinha (20%), cabelo humano (20%)

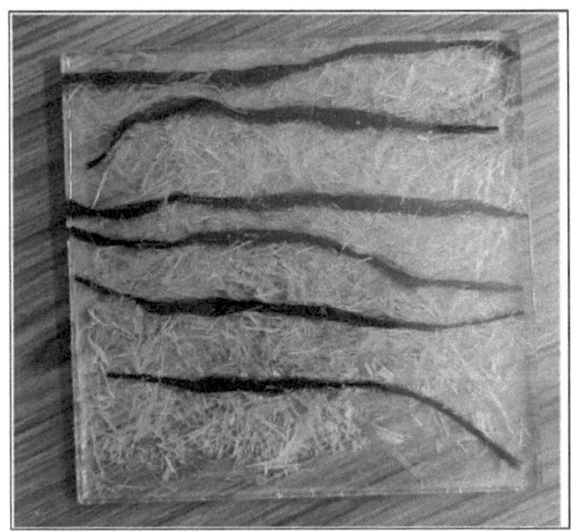

Fig. 5.12. Amostra C - Resina epóxida (50%), pena de galinha (20%), cabelo humano (30%)

CAPÍTULO 6
RESULTADOS E DISCUSSÃO

6.1 INTRODUÇÃO:

Neste capítulo, discute-se o efeito dos compósitos reforçados com cabelo humano e penas de galinha no ensaio de dureza, no ensaio de tração e no ensaio de compressão. Este compósito é analisado e ensaiado utilizando a Máquina Universal de Ensaios (UTM).

As amostras de compósitos reforçados com cabelo humano e penas de galinha têm de ser cortadas no tamanho e forma necessários para se adaptarem ao procedimento de ensaio.

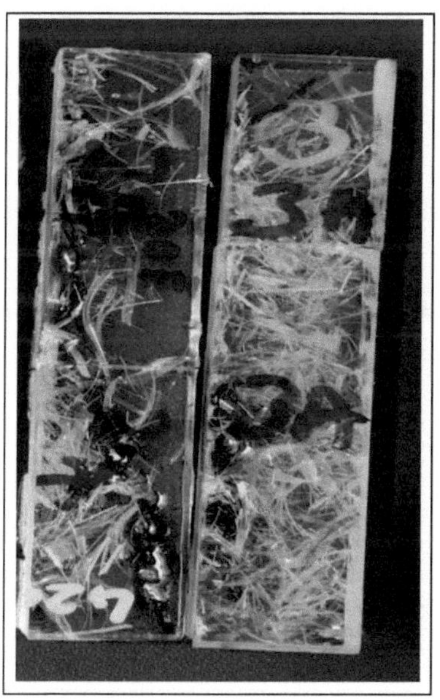

Fig. 6.1. Amostras de compósitos antes do ensaio

As propriedades mecânicas dos compósitos reforçados com cabelo humano e penas de galinha são testadas numa máquina de ensaios universal (UTM).

Fig. 6.2. Máquina de ensaio universal

Amostras compósitas após o ensaio das propriedades mecânicas:

Fig. 6.3. Amostras compostas partidas após o ensaio

6.2. RESULTADOS EXPERIMENTAIS:

6.2.1 Teste de dureza:

- O teste de dureza mede a resistência de um material à deformação permanente na sua superfície, pressionando um material mais duro contra ele.
- É utilizado numa série de indústrias para comparação e seleção de materiais, bem como para o controlo de qualidade de um processo de fabrico ou de endurecimento.
- Um indentador especificamente fabricado, com dimensões escolhidas, é utilizado para pressionar o material a ser testado, com uma força prescrita.
- O tempo de prensagem também é importante no ensaio de dureza.
- A dureza não é uma propriedade física fundamental de um material, mas sim

uma caraterística medida. No entanto, pode fornecer algumas informações valiosas sobre a resistência e a durabilidade de um material, dependendo da aplicação a que se destina.

- Agora que as amostras compostas estão cortadas na forma e tamanho necessários, estão prontas para o ensaio de dureza em UTM.

6.2.2. Resultados dos ensaios de dureza:

Os resultados do ensaio de dureza para as amostras A, B e C são os seguintes

Código de amostra	Pena de galinha (%)	Cabelo humano (%)	Resina epóxi e endurecedor (%)	Ensaio de dureza
A	10	10	80	50 Mpa
B	20	20	60	79 Mpa
C	20	30	50	82 Mpa

Tabela 6.1. Teste de dureza entre as amostras A, B e C

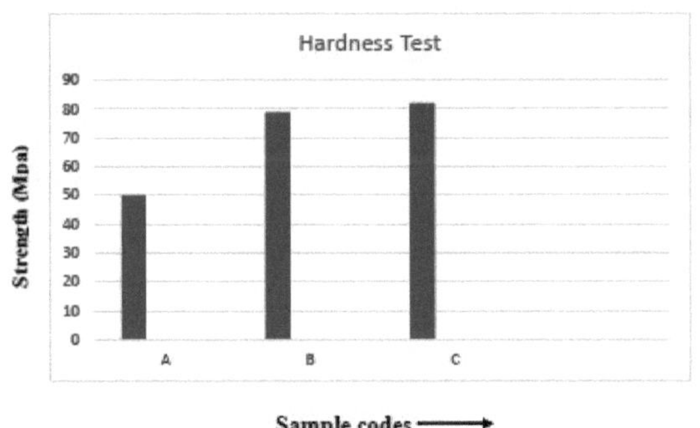

Códigos das amostras⟶ Gráfico que mostra o ensaio de dureza entre as amostras A, B e C:

- A tabela e o gráfico acima, que representam a dureza das amostras compostas A, B e C, mostram que a amostra C tem uma dureza mais elevada.
- A amostra C tem 82 Mpa de resistência à dureza.
- A amostra C é constituída por 20% de penas de galinha, 30% de cabelo humano e 60% de resina epóxida.

6.2.3 Teste de compressão:

• O ensaio de compressão é um dos ensaios mais importantes para determinar o comportamento dos materiais compósitos.

• As propriedades mecânicas dos materiais compósitos podem ser alteradas através da aplicação de uma carga aos materiais compósitos, mas as propriedades são difíceis de medir diretamente por uma máquina de ensaio de compressão.

• Um aspeto muito importante da análise e conceção do equipamento ou da estrutura está relacionado com as propriedades de compressão dos materiais causadas pela carga aplicada ao equipamento. O equipamento tem de ser montado numa máquina de ensaio de compressão para utilizar a capacidade da máquina de medir a progressão da carga e do deslocamento.

• Os dados de carga versus deslocamento terão de ser convertidos numa relação tensão-deformação.

• O cálculo da relação tensão-deformação permite determinar a resistência à compressão e o módulo de elasticidade dos materiais.

6.2.4 Resultados dos ensaios de compressão:

Os resultados do ensaio de compressão entre as amostras A, B e C são os seguintes

Código de amostra	Pena de galinha (%)	Cabelo humano (%)	Resina epoxídica & Endurecedor (%)	Teste de compressão
A	10	10	80	112,66 Mpa
B	20	20	60	99,68 Mpa
C	20	30	50	100,10 Mpa

Tabela 6.2. Ensaio de compressão entre as amostras compósitas A, B & C.

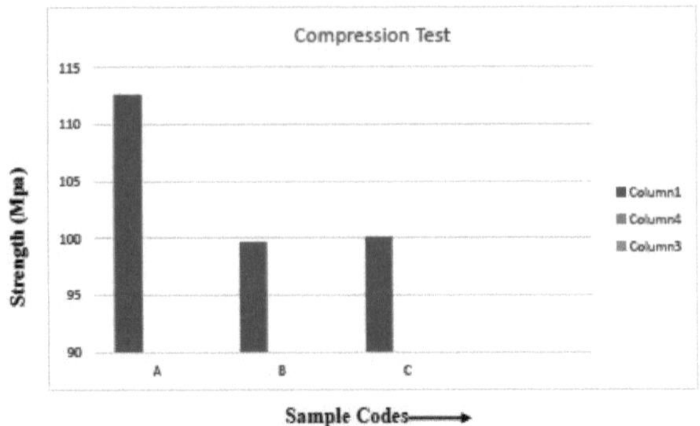

- A tabela acima mostra que a resistência à compressão da Amostra A é superior à das restantes amostras compostas.
- A amostra composta A tem uma resistência à compressão de 112,66 Mpa.
- A amostra A tem 10% de cabelo humano, 10% de penas de galinha e 80% de resina epóxida.

6.2.5 Resistência à tração:

- A resistência à tração é a carga máxima que um material pode suportar sem fraturar ao ser esticado, dividida pela área da secção transversal original do material. A resistência à tração tem dimensões de força por unidade de área. Mede a resistência dos materiais.
- Os ensaios de tração fornecem informações valiosas sobre as propriedades mecânicas dos materiais compósitos, incluindo a sua resistência, rigidez e ductilidade. Ao submeter amostras compostas a tensão, os engenheiros podem medir parâmetros como a resistência à tração final, o módulo de elasticidade e a deformação na rotura, que são essenciais para a caraterização do material e a otimização do design.
- Os ensaios de tração são uma ferramenta essencial para investigar o comportamento de rutura de materiais e estruturas compósitos. Ao analisar as curvas tensão-deformação e as superfícies de fratura das amostras ensaiadas, os engenheiros podem identificar os mecanismos responsáveis pela falha, como a

rutura das fibras, a fissuração da matriz ou a delaminação. Esta informação é valiosa para melhorar a conceção dos materiais, os processos de fabrico e as técnicas de modelação preditiva.

Em geral, os ensaios de tração desempenham um papel fundamental no desenvolvimento, fabrico e aplicação de materiais compósitos, fornecendo informações essenciais sobre o seu comportamento mecânico e desempenho sob tensão.

6.2.6 Resultados dos ensaios de tração:

Código de amostra	Pena de galinha (%)	Cabelo humano (%)	Resina epoxídica & Endurecedor (%)	Ensaio de tração
A	10	10	80	20 Mpa
B	20	20	60	19 Mpa
C	20	30	50	18 Mpa

Tabela 6.3. Resistência à tração entre as amostras compósitas A, B & C

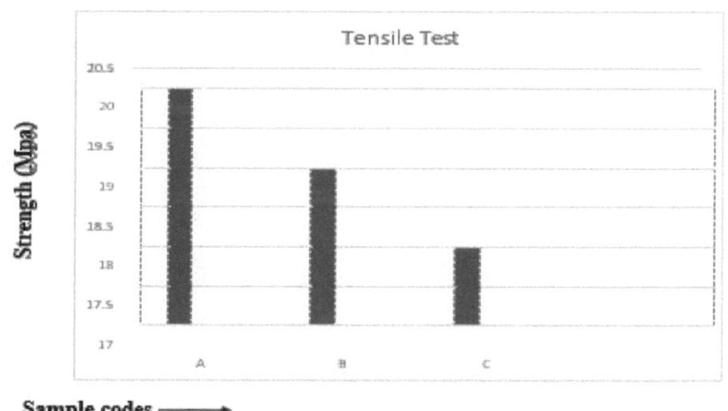

- A partir da tabela e do gráfico acima, podemos concluir que a amostra A tem maior resistência à tração em comparação com as restantes amostras compostas.
- A amostra composta A tem uma resistência à tração de 20Mpa.
- A amostra A é constituída por 10% de cabelo humano, 10% de penas de galinha e 80% de resina epoxídica.

CAPÍTULO 7

CONCLUSÃO E ÂMBITO FUTURO

7.1. CONCLUSÃO:

Foi efectuada uma investigação e um estudo experimental sobre compósitos reforçados com cabelo humano e penas de galinha. Esta investigação analisa as propriedades mecânicas do compósito epoxídico desenvolvido, reforçado com cabelo humano e penas de galinha.

Estes compósitos de fibras naturais estão a receber mais atenção devido à sua baixa densidade, baixo peso e acessibilidade, o que os torna vantajosos para utilização em aplicações comerciais. O comportamento mecânico destes compósitos é afetado positivamente pela utilização de fibras naturais como reforços, como o cabelo humano e as penas de galinha.

Normalmente, ainda se utilizam técnicas de queima ou enterramento para destruir o estrume de aves. Este estudo contribui para a compreensão de que o estrume de aves de capoeira pode ser utilizado para qualquer aplicação técnica e será favorecido devido às suas qualidades excepcionais, ao seu baixo custo e, acima de tudo, aos seus efeitos negativos no ambiente e na saúde humana.

A investigação experimental do presente trabalho conduziu às seguintes conclusões:

- O compósito de poliéster reforçado com fibras de cabelo humano cortado e de penas de galinha tem boas propriedades mecânicas e físicas e recomenda-se a sua utilização em aplicações leves para placas de teto.
- Concluiu-se também que a alteração da composição dos reforços tem uma alteração significativa das propriedades do material compósito.
- Devido a uma ligação inadequada entre a matriz e a fibra na sua interface, uma abundância de fibras em materiais compósitos degrada as qualidades

mecânicas do material. Isto resulta numa perturbação da transmissão de carga às fibras de ligação.

- A investigação mostra que 10% de penas de galinha, 10% de cabelo humano e 80% de resina epóxida têm propriedades muito superiores, como a resistência à compressão e a resistência à tração.
- Podemos até reduzir o custo da resina epóxi reforçando-a com farpas de penas de galinha, que estão disponíveis em grandes quantidades como resíduos.
- É muito importante descobrir outras propriedades mecânicas e físicas deste compósito para que possa ser aplicado em mais aplicações.

7.2. ÂMBITO DE APLICAÇÃO ADICIONAL:

O comportamento térmico dos compósitos reforçados com cabelo humano e penas de galinha precisa de ser estudado de forma a acrescentar mais análises às suas propriedades físicas.

O objeto de estudo torna-se mais acessível pela utilização de resíduos de cabelo humano como reforço de fibras em compósitos. O estudo do impacto da fibra capilar noutras qualidades dos compósitos, tais como as suas características físicas e térmicas, pode ser aprofundado.

REFERÊNCIAS

1. K. B. Jagadeesh gouda, P. Ravinder Reddy, K. Ishwaraprasad, (2014) Estudo experimental do comportamento da fibra de penas de aves de capoeira - um material de reforço para compósitos.

2. Bansal, G., Singh, V.K., Gope, P.C., & Gupta, T.(2017). Aplicação e propriedades da fibra de penas de frango (CFF) um resíduo de gado no desenvolvimento de materiais compósitos. Jornal da Universidade da Era Gráfica.

3. Gupta, A. (2014). "Resíduos" de cabelo humano e sua utilização: lacunas e possibilidades. Jornal de gestão de resíduos, 2014.

4. Kumar, S., Bhattacharyya, J. K., Vaidya, A. N., Chakrabarti, T., Devotta, S., & Akolkar,

A. B. (2009). Assessment of the status of municipal solid waste management in metro cities, state capitals, class I cities, and class II towns in India: An insight. Gestão de resíduos

5. Biswas, Ragul, G., Jayakumar, V., Sha, S. U., R., & Kumar, C. (2018). Melhoria da resistência à tração utilizando reforço de cabelo humano em polietileno de alta densidade reciclado. Jornal de investigação científica e industrial

6. T. Subramani, S. Krishnan, S.K. Ganesan, G. Nagarajan, (2014), Investigação das Propriedades Mecânicas em Compósitos de Poliéster e Fenil-éster Reforçados com Fibra de Pena de Galinha.

7. Queratina, The Journal of Experimental Biology, Volume 198: pp. 1029-1033.

8. Richard H. C. Bonser e Peter P. Purslow, (1995) The Young's Modulus of Feather.

9. Gururaja M.N e Hari Rao A.N, (2012) Uma revisão sobre aplicações recentes e perspectivas futuras de compósitos híbridos. Internacional. Jornal de Engenharia de Computação Suave.

10. A.Baradeswaran e A.Elaya perumal "Estudo das propriedades mecânicas e de desgaste de compósitos híbridos Al 7075/Al2O3/grafite" 2013.

11. B. Bax, J. Müssig, Propriedades de impacto e tração de compósitos PLA/Cordenka e PLA/linho, Composites Science and Technology (2008)

12. Reddy, N., Jiang, J., & Yang, Y. (2014). Compósitos biodegradáveis contendo penas de galinha como matriz e fibras de juta como reforço. Jornal de Polímeros e Meio Ambiente

13. Chinta S. K, Landage S. M, Yadav Krati, (2013) Aplicação de penas de galinha em têxteis técnicos.

14. K. B. Jagadeesh gouda, P. Ravinder Reddy, K. Ishwaraprasad, (2014) Estudo experimental do comportamento da fibra de penas de aves de capoeira - um material de reforço para compósitos.

15. V. Chandra Sekhar, V. Pandurangadu, T. Subba Rao, (2012) Análise Química de Compósitos Epóxi Reforçados com Fibra de Pena de Emu.

Printed by Books on Demand GmbH, Norderstedt / Germany